技能全图解<u>丛书</u>

餐厅服务员
杯花折叠实景图解

刘玉双　编著

中国劳动社会保障出版社

图书在版编目（CIP）数据

餐厅服务员杯花折叠实景图解/刘玉双编著. —北京：中国劳动社会保障出版社，2015

（技能全图解丛书）

ISBN 978-7-5167-1755-4

Ⅰ. ①餐… Ⅱ. ①刘… Ⅲ. ①餐馆-桌台-装饰-图解 Ⅳ. ① F719.3 ② TS972.32-64

中国版本图书馆 CIP 数据核字（2015）第 107667 号

中国劳动社会保障出版社出版发行

（北京市惠新东街 1 号　邮政编码：100029）

*

保定市中画美凯印刷有限公司印刷装订　　　新华书店经销

787 毫米×1092 毫米　16 开本　7.75 印张　113 千字

2015 年 5 月第 1 版　　2015 年 5 月第 1 次印刷

定价：21.00 元

读者服务部电话：（010）64929211/64921644/84643933

发行部电话：（010）64961894

出版社网址：http://www.class.com.cn

前　言

随着人们生活水平的提高，餐巾的使用范围也逐步从用餐时的保洁作用扩大到装饰餐台、体现餐厅服务水平及艺术水准的作用，因此，餐饮企业迫切需要一本实用、可行的餐巾折花折叠指南，以不断提高其服务水平与接待水准。然而，目前市场上同类主题的图书则以单本为主，且主体内容为照片实景图，缺少折花步骤的清楚概述，从而难以使读者做到"依图折花、一学就会"。

本书则打破了传统图书的写作风格和阅读模式，采用"步骤说明＋实景照片"的形式，对餐巾杯花的各种造型进行全面、详细的介绍，从而将各种杯花造型的折叠步骤清晰、简明、扼要地呈现在读者面前，进而使读者切实做到依图折花、一读就懂、一看就会。

本书以实景照片并辅以准确的步骤说明向读者展现的餐巾折花的折叠技法，其具体特点如下所示。

1. 步骤说明准确

本书对餐巾杯花折叠的各个步骤进行准确的概述，将每一步落实到面、边、角，并对关键步骤进行突出的说明，从而使读者能够清楚了解餐巾杯花折叠的各个步骤，无须在捉摸中折叠，大大提升了折花的工作效率。

2. 图解示例清晰

本书根据折花各个步骤的说明，配以清晰的实景照片，使餐巾的折叠更加直观地呈现在读者眼前，从而使餐巾折叠的技法更加简单、实用、易学，进而方便读者随时随地学习餐巾杯花的折叠。图中杯花的折叠视频，请登录中国人力资源工作网 http://www.chinahrw.net 下载。

在本书编写的过程中，董建华、程富建、孙立宏负责资料的收集和整理，陈里、赵全梅负责照片的拍摄，王琴参与编写了本书的第 1 章，王淑燕参与编写了本书的第 2 章，杨茜参与编写了本书的第 3 章，李金伏参与编写了本书的第 4 章，张天骄参与编写了本书的第 5 章，全书由刘玉双统撰定稿。

内 容 简 介

　　本书以提升餐厅服务员的工作效率为出发点，选择了餐巾杯花常见的 100 种造型，进行准确清楚的**步骤概述**及全方位的**图解展示**。全书将餐巾杯花常见造型分成植物造型、动物造型、动作造型及创意实物造型四类，并以"**步骤说明 + 实景照片**"的形式对各种杯花造型进行全面介绍，从而方便读者按图折花，一学就会。

　　本书适合餐厅服务员阅读和使用，也可作为餐饮企业培训员工的指导用书，还可作为餐厅折花爱好者的参考用书。

目 录

Contents

Ⅰ

page 15

page 58

第1章 餐巾折花简述

1.1 餐巾与餐巾的选用

1.1.1 餐巾的分类

餐巾又称口布，是正规宴会酒席中用于保洁及美化餐台的方巾。餐巾按照其材料质地，可分为棉麻、化纤及纸质三类；按照其颜色，可分为暖色系、中性色系、冷色系三类。餐巾具体特点见表1—1。

表1—1　　　　　　　　　　　餐巾具体特点

分类依据	类别	特点
餐巾质地	棉麻类餐巾	◎ 吸水性能好，去污能力强，易于折叠，造型效果好 ◎ 使用后需洗涤熨烫，操作较复杂
	化纤类餐巾	◎ 颜色艳丽，富有弹性，可多次折叠造型 ◎ 吸水性与去污能力较差
	纸质类餐巾	◎ 易于折叠造型，去污能力较强 ◎ 不环保，容易造成环境污染
餐巾颜色	暖色系餐巾	◎ 色调柔美，能够给宾客以兴奋热烈的感觉，能够刺激宾客的食欲；暖色系餐巾常见的颜色为橘橙色、鹅黄色、红色等
	中性色系餐巾	◎ 色调素雅，能够给宾客以清洁卫生的感觉，能够调节宾客的视觉平衡，安抚宾客的情绪；中性色系餐巾的颜色一般为白色
	冷色系餐巾	◎ 色调清新，能够让宾客感到平静、舒适；冷色系餐巾常见的颜色为浅绿色、蓝色、紫色等

1.1.2 餐巾的选用

服务员需根据酒店的档次及宴会的需要选择合适质地、颜色的餐巾，具体要求如下。

（1）餐巾质地的选择要求

档次较高的餐厅可选择棉麻类及质量较好的纸质类餐巾，普通档次的餐厅可选择化纤类与纸质类的餐巾；自助式的宴会常采用纸质餐巾，非自助式的宴会则采用棉麻类或化纤类的餐巾。

（2）餐巾颜色的选择要求

正式的宴会常采用暖色系的餐巾，非正式的宴会可采用冷色系及中性色系的餐巾；光线柔和或较暗的餐厅中，常选择中性色系的餐巾，而光线较强的明亮餐厅中，常会选择暖色系或冷色系的餐巾。

1.2 餐巾折花的基本要求

1.2.1 餐巾折花及分类

餐巾折花是以餐巾为载体，通过多次折叠而成的不同造型。在实际操作中，餐巾折花可按照摆放位置和折花造型两个维度进行分类，具体分类情况见表1—2。

表1—2　　　　　　　　　　　餐巾折花类别

分类依据	类别	特点
摆放位置	杯花	◎ 餐巾折花折好后，放在酒杯或水杯中，多用在中式宴会中
	盘花	◎ 餐巾折花折好后，放在餐碟或餐桌上，多用在西式宴会中
餐巾造型	植物类	◎ 造型是植物的折花，以花、草、树为主
	动物类	◎ 造型是动物的折花，以鸟、鱼、昆虫类为主
	动作类	◎ 造型体现出动作进行的折花
	实物类	◎ 造型是具体实物的折花，主要有扇子、花篮等

1.2.2 餐巾折花要求

服务员在折叠餐巾折花时，需遵守如图 1—1 所示的四个要求。

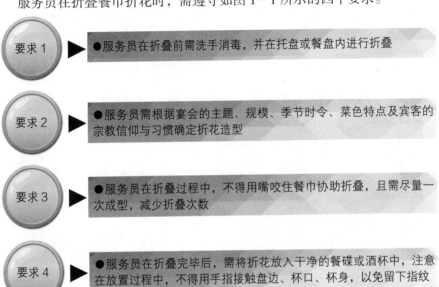

要求 1	●服务员在折叠前需洗手消毒，并在托盘或餐盘内进行折叠
要求 2	●服务员需根据宴会的主题、规模、季节时令、菜色特点及宾客的宗教信仰与习惯确定折花造型
要求 3	●服务员在折叠过程中，不得用嘴咬住餐巾协助折叠，且需尽量一次成型，减少折叠次数
要求 4	●服务员在折叠完毕后，需将折花放入干净的餐碟或酒杯中，注意在放置过程中，不得用手指接触盘边、杯口、杯身，以免留下指纹

图 1—1 餐巾折花要求一览图

1.3
餐巾折花的基本手法

1.3.1 叠

叠是餐巾折花的最基本的手法，即将单层的餐巾折叠成多层，形成长方形、正方形、三角形、锯齿形等多种几何体，具体如图 1—2 所示。

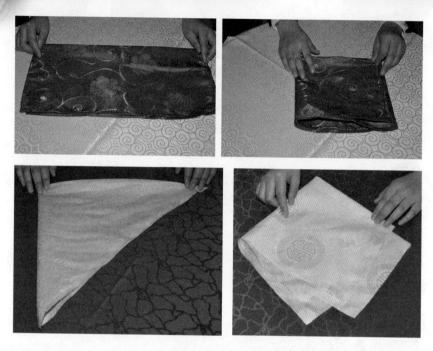

图1—2　叠的手法示意图

1.3.2　折

　　折即打折捏褶，要求服务员用双手的拇指与食指抓住餐巾一端，两拇指相对呈一条线，指面向外，中指控制折裥距离，同时拇指与食指推进到中指处捏褶，抽出中指，依次进行推进折裥，具体如图1—3所示。

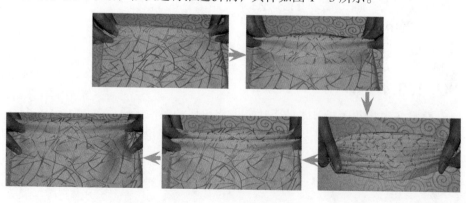

图1—3　折的手法示意图

1.3.3 卷

卷是把餐巾卷成圆筒进行造型的手法，可分为直卷和螺旋卷两种。直卷是沿着餐巾边进行的卷法，要求餐巾的两头需卷平；而螺旋卷则需要先将餐巾折成三角形，然后沿着三角形的边将餐巾卷筒，要求餐巾边需参差不齐。具体如图1—4所示。

直卷

螺旋卷

图1—4 卷筒手法示意图

1.3.4 穿

穿是指使用工具从餐巾夹层的褶缝中边穿边收，形成褶皱的手法。具体操作是服务员先将餐巾打褶，再将筷子的细头穿进餐巾的夹层折缝中，然后用拇指与食指往里拉餐巾，把筷子穿过去，并挤压褶皱，最后在穿好后，将折花插入盛器内并抽出筷子，以保证褶皱的形状，具体过程如图1—5所示。

图1—5 穿的手法示意图

1.3.5 翻

翻是将餐巾折卷或捏褶后的部位翻成所需的花样，多适用于花鸟造型的制作。具体操作是将餐巾巾角向外翻折，制成花卉花瓣、叶片及鸟的头部、翅膀等形状，具体如图1—6所示。

 ### 1.3.6 拉

拉是在折花半成型时进行巾角的提拉，从而使餐巾线条更加明显。具体操作是服务员一手握住餐巾，用另一手将需用的巾角向上或向下提拉，折成所需的形状，具体如图1—7所示。

图1—6 翻的手法示意图

图1—7 拉的手法示意图

 ### 1.3.7 掰

掰主要用于分出餐巾褶皱的层次，即用右手依照顺序一层一层将餐巾掰出间距均匀的层次。在掰的过程中，服务员不要太用力，以免折花松散，具体如图1—8所示。

图1—8 掰的手法示意图

1.3.8 捏

捏主要适用于鸟的头部的制作，服务员需先将鸟的颈部拉好，然后用拇指和中指配合在尖端适当的部位捏一槽状，再用食指将尖角压入槽内，捏紧成型，具体如图1—9所示。

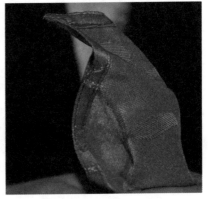

图1—9 捏的手法示意图

1.4 餐巾折花的基本技法

 1.4.1 正方形折法

正方形折法是将餐巾边平行相对，折叠两次，或通过巾角翻折，折成正方形。常用的折法如图1—10所示。

7

折法一

折法二

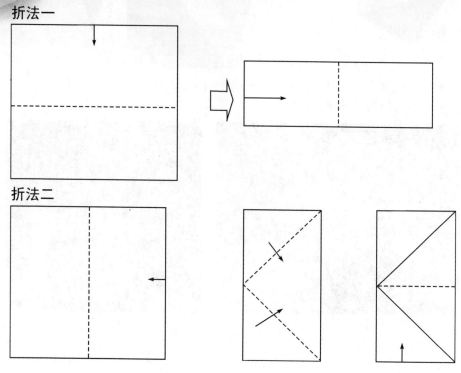

图1—10　正方形折法示意图

 1.4.2　长方形折法

　　长方形折法是将餐巾沿着中线、1/4线、1/3线平行折叠，折成长方形，常见的折法如图1—11所示。

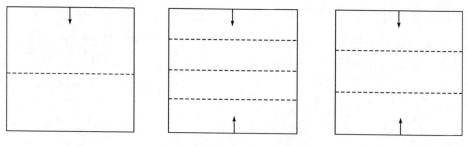

图1—11　长方形折法示意图

1.4.3 菱形折法

菱形折法是翻折巾角，将餐巾折成菱形。常见的菱形折法有两种，具体如图1—12所示。

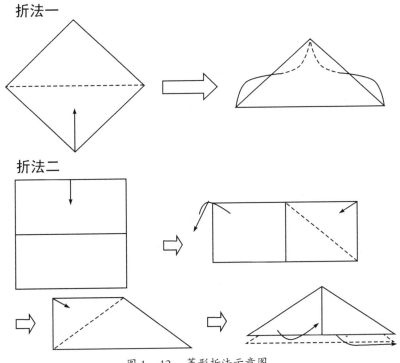

图1—12 菱形折法示意图

1.4.4 三角形折法

三角形折法是将餐巾相对的巾角对折或翻折餐巾巾角将餐巾折叠成三角形，具体的折法如图1—13所示。

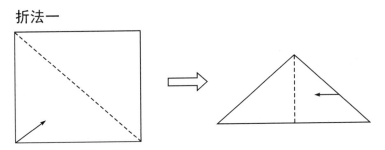

折法二

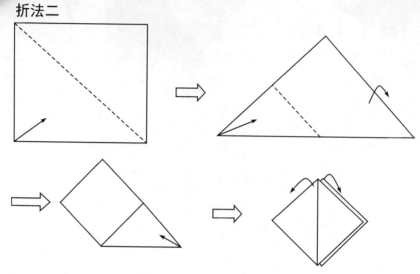

图1—13　三角形折法示意图

 1.4.5　错位折法

　　错位折法是将餐巾的巾角错位对折，折出锯齿状，具体的折法如图1—14所示。

折法一

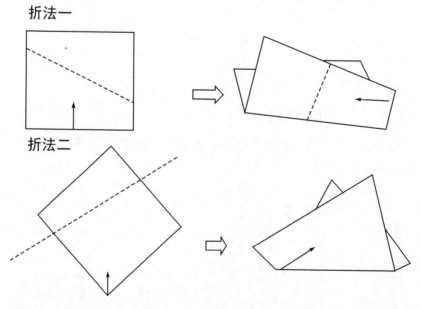

图1—14　错位折法示意图

1.4.6　尖角折法

尖角折法是把餐巾的一角固定，并将此角的两边折叠或向中间卷折形成
尖角形，具体的折法如图 1—15 所示。

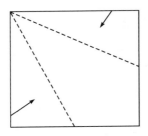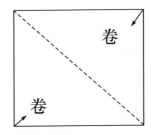

图 1—15　尖角折法示意图

 ## 1.4.7　长方翻角折法

长方翻角折法是将餐巾折成长方形后，将巾角向上翻折，具体的折法如
图 1—16 所示。

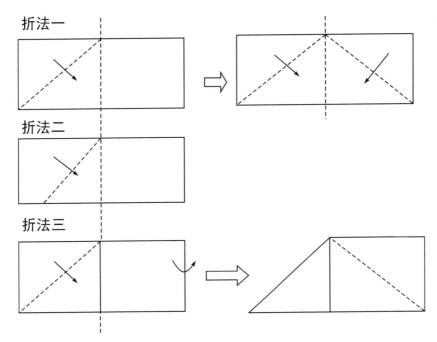

图 1—16　长方翻角折法示意图

1.4.8 翻折角折法

翻折角折法是将餐巾的一角或数角通过翻折造型或折裥后进行翻折组合，具体的折法如图 1—17 所示。

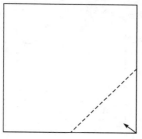 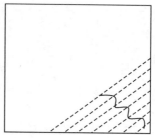

图 1—17 翻折角折法示意图

 ### 1.4.9 长条形折法

长条形折法是将餐巾多次对折或推折形成细长的长条形，具体折法如图 1—18 所示。

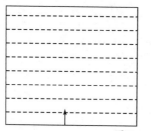 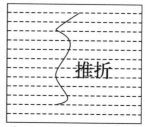

图 1—18 长条形折法示意图

 ### 1.4.10 提取折法

提取折法是将餐巾中心固定，转动四周巾边，再用手捏住餐巾中心，直接提起，具体折法如图 1—19 所示。

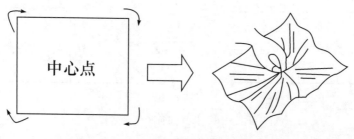

图 1—19 提取折法示意图

1.5 餐巾折花造型与摆放

1.5.1　餐巾折花的基本造型

餐巾折花的基本造型按其形象类别，可分为植物造型、动物造型、动作造型、创意实物造型。

1.5.2　餐巾折花的摆放要求

1. 折花盛装需美观

服务员需根据折花的盛装器具及花型，确定折花的盛装要求，具体如图1—20所示。

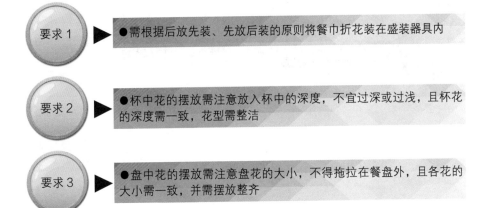

图1—20　折花盛装要求一览图

2. 折花放置需合理

服务员需根据餐桌的整体性、餐巾折花的花型及宾客座席放置餐巾折花，一般要求如图 1—21 所示。

1 ●服务员需从主位开始，沿顺时针方向摆放餐巾折花

2 ●服务员在摆放折花时，需将折花的最佳观赏面朝向宾客

3 ●服务员在折花摆放过程中，需注意其摆放位置同餐具、花瓶等摆放位置的协调性，确保整个台面协调一致

4 ●主花摆放在主宾席位上，以突出主位。一般花需高低分明、错落有致地摆放在其他宾客的席位上，以形成一种视觉的美感

5 ●同一餐桌上需尽量摆放不同造型的餐巾折花，如若折花造型相似，则需将折花交错摆放，并保持对称

图 1—21　折花放置要求一览图

第2章 杯花·植物造型篇

2.1 荷叶

准备

1. 工具准备：餐巾（1块）、酒杯（1个）。

2. 折叠准备：将餐巾呈正方形放置，餐巾的一边与折叠人员平行。

步骤

1. 将餐巾一边沿正方形的中线对折，呈长方形。

荷叶成品图

4. 握住餐巾中间位置，将餐巾四个巾角上翻固定餐巾中间位置。

2. 将餐巾短边沿长方形中线对折，呈正方形。

3. 从餐巾的两层边向对边捏褶。

5. 将餐巾放入酒杯中，整理成型。

15

2.2 枫叶

准备

1. 工具准备：餐巾（1块）、酒杯（1个）。

2. 折叠准备：将餐巾呈正方形放置，餐巾的一边与折叠人员平行。

步骤

1. 将餐巾一边错位对折，呈错位长方形。

2. 将错位长方形短边进行错位对折。

3. 沿中线翻折底角。

枫叶成品图

4. 从餐巾中间位置向两端捏褶。

5. 握住餐巾，放入杯中，整理成型。

2.3　樱花

准备

1. 工具准备：餐巾（1 块）、水杯（1 个）。

2. 折叠准备：将餐巾呈正方形放置，餐巾的一边与折叠人员平行。

步骤

1. 将餐巾一边沿正方形的中线对折，呈长方形。

樱花成品图

2. 将餐巾两片巾角分别沿长方形长边的中线对折。

3. 将餐巾短边沿中线向对边对折。

4. 将餐巾放入杯中，整理成型。

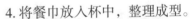

2.4 雪莲

准备

1. 工具准备：餐巾（1块）、水杯（1个）。

2. 折叠准备：将餐巾呈菱形放置，餐巾的一角面向折叠人员。

步骤

1. 将餐巾一角沿菱形对角线对折，呈等腰直角三角形。

雪莲成品图

2. 将三角形斜边向顶角处卷筒，并留下高为 13 cm 的小三角形。

3. 将小三角形上层巾角向卷筒方向翻。

4. 将卷筒的两端角向卷筒中心位置对折。

5. 将餐巾沿垂直卷筒方向的中线对折。

6. 握住餐巾，放入杯中，整理成型。

2.5　玉兰花

准备

1. 工具准备：餐巾（1 块）、水杯（1 个）。

2. 折叠准备：将餐巾呈菱形放置，餐巾的一角面向折叠人员。

步骤

1. 将餐巾一角沿菱形对角线对折，呈等腰直角三角形。

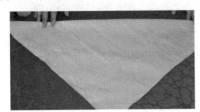

2. 将三角形斜边两角向三角形的顶角处错位对折。

3. 从餐巾正中间位置向两端捏褶。

玉兰花成品图

4. 将餐巾放入杯中，整理成型。

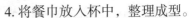

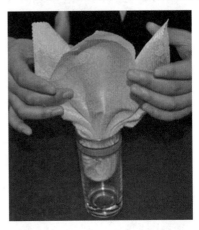

2.6 三叶草

准备

1. 工具准备：餐巾（1 块）、酒杯（1 个）。

2. 折叠准备：将餐巾呈菱形放置，餐巾的一角面向折叠人员。

步骤

1. 将餐巾一角沿菱形对角线对折，呈等腰直角三角形。

2. 将三角形斜边两角向顶角处错位对折。

3. 将餐巾的底角向顶角方向对折，呈高为 7~8 cm 的三角形。

三叶草成品图

4. 将餐巾从中间位置向两端捏褶。

5. 将餐巾放入杯中，整理成型。

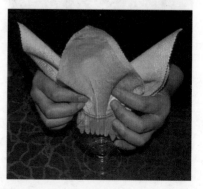

2.7　仙人掌

准备

1. 工具准备：餐巾（1 块）、酒杯（1 个）。

2. 折叠准备：将餐巾呈正方形放置，餐巾的一边与折叠人员平行。

步骤

1. 将餐巾一边沿正方形的中线对折，呈长方形。

仙人掌成品图

2. 将餐巾两个巾角的一边的两角分别向短边中线处翻折，呈等腰直角三角形。

3. 将餐巾沿三角形斜边中线对折，呈小的等腰直角三角形。

4. 在斜边的 1/2 处斜向捏褶。

5. 握住餐巾，放入杯中，整理成型。

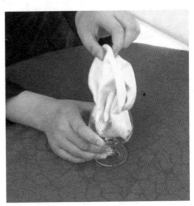

2.8 绣球花

准备

1. 工具准备：餐巾（1块）、酒杯（1个）。

2. 折叠准备：将餐巾呈正方形放置，餐巾的一边与折叠人员平行。

步骤

1. 将餐巾一边沿正方形的中线对折，呈长方形。

2. 将餐巾上层的两个巾角向短边中线处对折，然后将餐巾沿短边中线对折。

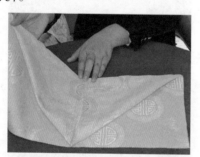

3. 将餐巾外侧的巾角向对角处对折，呈三角形。

绣球花成品图

4. 将餐巾外侧的两个巾角下翻，折出高 3 cm 的小三角形。

5. 从餐巾中间位置向两端捏褶。

6. 将餐巾放入杯中，下翻巾角做花瓣，整理花型。

2.9 蝶叶莲

准备

1. 工具准备：餐巾（1块）、酒杯（1个）。

2. 折叠准备：将餐巾呈正方形放置，餐巾的一边与折叠人员平行。

步骤

1. 将餐巾一边沿正方形的中线对折，呈长方形。

蝶叶莲成品图

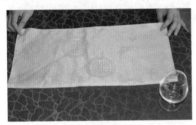

2. 将餐巾两个巾角的一边面向自己，并将两个巾角一边的两个顶角向对边错位对折。

3. 从餐巾底边的一端向另一端捏褶。

4. 将餐巾两个巾角端向上，握住餐巾底部，放入杯中，整理成型。

2.10 龙舌兰

准备

1. 工具准备：餐巾（1块）、酒杯（1个）。

2. 折叠准备：将餐巾呈正方形放置，餐巾的一边与折叠人员平行。

步骤

1. 将餐巾一边沿正方形的中线对折，呈长方形，再将餐巾短边沿中线对折呈正方形。

2. 将餐巾逆时针旋转45°，从两片夹层的巾角向对角捏褶。

3. 握住餐巾，将4片夹层的巾角上拉翻折，包住餐巾底部。

龙舌兰成品图

4. 将餐巾放入杯中，整理成型。

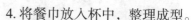

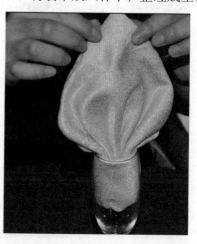

2.11　蟠桃花

准备

1. 工具准备：餐巾（1 块）、酒杯（1 个）。

2. 折叠准备：将餐巾呈正方形放置，餐巾的一边与折叠人员平行。

步骤

1. 将餐巾一边沿正方形的中线对折，呈长方形，再将短边沿短边对角线对折，呈正方形。

2. 旋转餐巾使其呈菱形放置，并使 4 个巾角端面向自己，将最上端的两个巾角沿菱形的对角线翻折，每层间隔 1 cm。

3. 将餐巾从中间向两端捏褶。

蟠桃花成品图

4. 握住餐巾，将剩余的两个巾角上拉，做花瓣。

5. 将餐巾放入杯中，整理成型。

2.12 牵牛花

准备

1. 工具准备：餐巾（1块）、酒杯（1个）。

2. 折叠准备：将餐巾呈正方形放置，餐巾的一边与折叠人员平行。

步骤

1. 将餐巾一边沿正方形的中线对折，呈长方形。

2. 将长方形一短边向对边捏褶，呈长条形。

3. 将非两个巾角端向上，用一手握在长条形中间位置，用另一手将餐巾环成一环，并将一角插入另一角夹层中。

牵牛花成品图

4. 将下端的两个巾角上翻，做叶片。

5. 将餐巾放入杯中，整理成型。

2.13　鸡冠花

准备

1. 工具准备：餐巾（1 块）、酒杯（1 个）、筷子（3 根）。

2. 折叠准备：将餐巾呈正方形放置，餐巾的一边与折叠人员平行。

步骤

1. 将餐巾一边沿正方形的 1/6 线对折，并捏出等宽的 3 个褶皱，呈长条形。

鸡冠花成品图

2. 将餐巾旋转 90°，并从餐巾一短边向另一短边捏褶。

3. 将 3 根筷子分别插入 3 个夹层中，挤压成型。

4. 将餐巾放入杯中，整理成型。

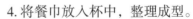

2.14 金鸡菊

准备

1. 工具准备：餐巾（1块）、酒杯（1个）。

2. 折叠准备：将餐巾呈正方形放置，餐巾的一边与折叠人员平行。

步骤

1. 将餐巾一边沿正方形的 1/4 线对折，呈长方形。

金鸡菊成品图

2. 将餐巾旋转 90°，从餐巾短边向对边捏褶。

3. 握住餐巾，将未对折的两个巾角上拉做花瓣。

4. 将餐巾放入杯中，整理成型。

2.15　一品红

准备

1. 工具准备：餐巾（1块）、酒杯（1个）。

2. 折叠准备：将餐巾呈正方形放置，餐巾的一边与折叠人员平行。

步骤

1. 将餐巾两条对边分别向正方形中心处对折，呈长方形。

2. 用手压住餐巾中心位置，并将餐巾4个巾角向外翻折。

3. 将餐巾旋转90°，用酒杯压住餐巾中心处，并将餐巾两端向短边中线对折。

一品红成品图

4. 将餐巾沿中线位置对折两次，呈长条形。

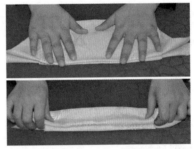

5. 将长条形餐巾两端沿短边中线位置对折。

6. 将餐巾放入杯中，整理成型。

2.16 月季花

准备

1. 工具准备：餐巾（1块）、酒杯（1个）。

2. 折叠准备：将餐巾呈正方形放置，餐巾的一边与折叠人员平行。

步骤

1. 将餐巾一边错位对折，呈错位长方形。

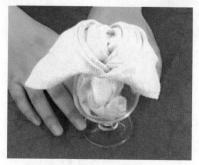

月季花成品图

2. 将餐巾短边对折，使4个巾角两两重合。

3. 从餐巾4个巾角的对角端向四个巾角方向捏褶。

4. 将餐巾对折。

5. 握住餐巾底部，掰出花瓣。

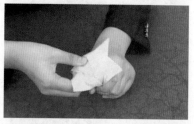

6. 将餐巾放入杯中，整理成型。

卷芯花成品图

 2.17 卷芯花

准备

1. 工具准备：餐巾（1块）、酒杯（1个）。

2. 折叠准备：将餐巾呈正方形放置，餐巾的一边与折叠人员平行。

步骤

1. 选取正方形两条中线的交点为中心。

2. 用手指摁住中心，逆时针转动餐巾的4个巾角，卷起餐巾。

3. 握住餐巾底部，将餐巾4个巾角拉向卷芯处做花瓣。

4. 将餐巾放入杯中，整理成型。

2.18 海棠花

准备

1. 工具准备：餐巾（1块）、酒杯（1个）。

2. 折叠准备：将餐巾呈正方形放置，餐巾的一边与折叠人员平行。

步骤

1. 抓住餐巾的中心，提起。

海棠花成品图

2. 上拉餐巾4个边的中点，同餐巾中心握在一起，形成花蕾。

3. 上拉餐巾的4个巾角，作为花瓣。

4. 将餐巾放入杯中，整理成型。

2.19 仙人球

准备

1. 工具准备：餐巾（1 块）、酒杯（1 个）。

2. 折叠准备：将餐巾呈正方形放置，餐巾的一边与折叠人员平行。

步骤

1. 分别在餐巾 4 个巾角处捏 2~3 个褶，并提起 4 个巾角，握在一起。

仙人球成品图

2. 将中间部分攥成球状，向 4 个巾角处翻折。

3. 将餐巾放入杯中，整理成型。

2.20 美人蕉

准备

1. 工具准备：餐巾（1块）、酒杯（1个）。

2. 折叠准备：将餐巾呈正方形放置，餐巾的一边与折叠人员平行。

步骤

1. 将餐巾的一角固定，将其邻角向正方形的对角线对折，使其落在对角线上。

美人蕉成品图

2. 将餐巾对折的一边向对角处卷筒，并留下高约 25 cm 的三角形。

3. 将余下的巾角捏 2~3 个褶，并将巾角上拉做叶片。

4. 将餐巾卷筒的另一端围住餐巾底端。

5. 将餐巾放入杯中，整理成型。

2.21 慈姑花

准备

1. 工具准备：餐巾（1 块）、水杯（1 个）。

2. 折叠准备：将餐巾呈菱形放置，餐巾的一角面向折叠人员。

步骤

1. 将餐巾一角沿菱形对角线对折，呈等腰直角三角形。

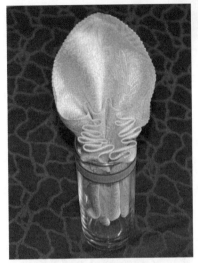

慈姑花成品图

2. 将三角形斜边向上翻折，折出宽为 10 cm 的长条形。

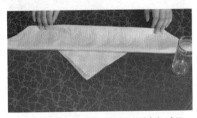

3. 从餐巾正中心向两端捏褶。

4. 握住餐巾底端，放入杯中，整理成型。

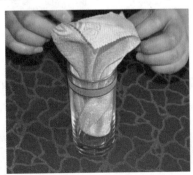

2.22　虾脊兰

准备

1. 工具准备：餐巾（1 块）、酒杯（1 个）。

2. 折叠准备：将餐巾呈菱形放置，餐巾的一角面向折叠人员。

步骤

1. 将餐巾一角沿菱形对角线对折，呈等腰直角三角形。

虾脊兰成品图

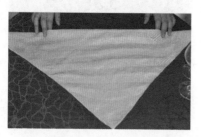

2. 沿三角形的斜边向三角形的直角端捏褶，留下高为 7~8 cm 的小三角形。

3. 将餐巾对折，并抓起餐巾。

4. 握住餐巾，并将两端向上翻折做叶子。

5. 将餐巾放入杯中，整理成型。

2.23 槐树花

准备

1. 工具准备：餐巾（1块）、酒杯（1个）。

2. 折叠准备：将餐巾呈菱形放置，餐巾的一角面向折叠人员。

步骤

1. 将餐巾一角沿菱形对角线对折，呈等腰直角三角形。

2. 将餐巾旋转90°，使餐巾斜边一角面向自己，并从餐巾斜边中线处向两端捏褶。

3. 捏住褶皱两端，并对折。

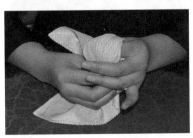

槐树花成品图

4. 上拉餐巾的4个巾角，做花瓣。

5. 将餐巾放入杯中，整理成型。

2.24　单荷花

准备

1.工具准备：餐巾（1块）、酒杯（1个）。

2.折叠准备：将餐巾呈正方形放置，餐巾的一边与折叠人员平行。

步骤

1.将餐巾一边沿正方形的中线对折，呈长方形。

单荷花成品图

2.将餐巾一条短边沿短边中线向对边对折，呈正方形。

4.握住餐巾，放入杯中，下翻四个巾角，整理成型。

3.从餐巾4个巾角所在的中位线向两侧捏褶。

2.25 双荷花

准备

1. 工具准备：餐巾（1块）、酒杯（1个）。

2. 折叠准备：将餐巾呈正方形放置，餐巾的一边与折叠人员平行。

步骤

1. 将餐巾一边沿正方形的中线对折，呈长方形。

2. 将餐巾一条短边沿短边中线向对边对折，呈正方形。

3. 旋转餐巾，使四片巾角端面向自己，将上面两层巾角对折，间隔为1 cm；翻过餐巾，将剩余两层巾角做同样翻折，呈等腰直角三角形。

双荷花成品图

4. 从斜边一角向另一角捏褶。

5. 握住餐巾，向下翻折巾角，并放入杯中，整理成型。

2.26 冰玉水仙

准备

1. 工具准备：餐巾（1块）、酒杯（1个）。

2. 折叠准备：将餐巾呈正方形放置，餐巾的一边与折叠人员平行。

步骤

1. 将餐巾一边沿正方形的中线对折成长方形，再将长方形一条短边沿短边中线向对边对折，呈正方形。

冰玉水仙成品图

2. 将餐巾4个巾角端的4个巾角翻折，间距为1 cm。

3. 翻过餐巾，将另一个巾角翻折。

4. 从餐巾中间位置向两端捏褶。

5. 握住餐巾，放入杯中，下拉巾角做叶片，整理成型。

2.27　松花结蒂

准备

1. 工具准备：餐巾（1块）、酒杯（1个）。

2. 折叠准备：将餐巾呈正方形放置，餐巾的一边与折叠人员平行。

步骤

1. 将餐巾一边沿正方形的中线对折，呈长方形。

松花结蒂成品图

2. 将餐巾一条短边沿短边的中线向对边对折，呈正方形。

3. 旋转餐巾使4个巾角端面向自己，依次翻转4个巾角，间隔为1 cm。

4. 从餐巾长边的一端向另一端捏褶。

5. 将餐巾放入杯中，整理成型。

2.28 雨后春笋

准备

1. 工具准备：餐巾（1块）、酒杯（1个）。

2. 折叠准备：将餐巾呈正方形放置，餐巾的一边与折叠人员平行。

步骤

1. 将餐巾一边沿正方形的中线对折，呈长方形。

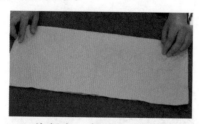

2. 将餐巾一条短边沿短边的中线向对边对折，呈正方形。

3. 旋转餐巾使4个巾角端面向自己，依次翻转4个巾角，间隔为1 cm。

雨后春笋成品图

4. 翻折餐巾，从底边一端向另一端卷筒，并将另一端插入夹层中。

5. 将餐巾放入杯中，整理成型。

蝴蝶花瓣成品图

 2.29　蝴蝶花瓣

准备

1. 工具准备：餐巾（1 块）、酒杯（1 个）。

2. 折叠准备：将餐巾呈正方形放置，餐巾的一边与折叠人员平行。

步骤

1. 将餐巾一边沿正方形中线对折成长方形，再将餐巾短边沿中线对折成正方形，并呈菱形放置。

2. 将餐巾 4 个巾角端的最外层两层分别沿菱形对角线向对角对折。

3. 从翻折的角的一个邻角向另一个邻角捏褶。

4. 握住餐巾，将未翻折的两个巾角上拉做花瓣。

5. 将餐巾中间的夹角下拉做花芯。

6. 将餐巾放入杯中，整理成型。

2.30 美人蕉花

准备

1. 工具准备：餐巾（1块）、酒杯（1个）。

2. 折叠准备：将餐巾呈正方形放置，餐巾的一边与折叠人员平行。

步骤

1. 采用"1. 4.3 菱形折法"的折法二，将餐巾折成菱形。

美人蕉花成品图

2. 将菱形最外端的两个巾角分别沿菱形的对角线对折。

4. 握住餐巾，并下拉两个餐巾角做花芯。

5. 上拉4个巾角，做花瓣。

3. 从餐巾中间向两端捏褶。

6. 将餐巾放入杯中，整理成型。

2.31 双芯结蒂

准备

1. 工具准备：餐巾（1 块）、酒杯（1 个）。

2. 折叠准备：将餐巾呈正方形放置，餐巾的一边与折叠人员平行。

步骤

1. 将餐巾一边沿正方形的中线对折，呈长方形。

2. 将餐巾两个巾角的一边上层的两个巾角向短边的中线对折。

3. 翻过餐巾，将另两个巾角做同样翻折，成等腰直角三角形。

双芯结蒂成品图

4. 将三角形斜边一角沿斜边中线向另一角对折，呈小的等腰直角三角形。

5. 垂直斜边方向，将餐巾从中间位置向两边捏褶。

6. 将餐巾放入杯中，下拉两个巾角做叶片，外翻夹层做花苞，整理成型。

2.32 葵花向阳

准备

1. 工具准备：餐巾（1块）、酒杯（1个）。

2. 折叠准备：将餐巾呈正方形放置，餐巾的一边与折叠人员平行。

步骤

1. 将餐巾一边沿正方形的中线对折，呈长方形，并将两片巾角的一边转向自己。

葵花向阳成品图

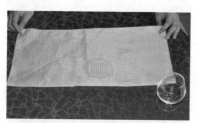

2. 将上面一层的两个巾角向对边错位对折。

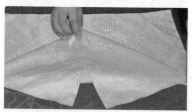

3. 翻过餐巾，将另一面餐巾的巾角做同第2步的对折。

4. 由餐巾正中间位置向两端捏褶。

5. 将餐巾放入杯中，翻折餐巾的4个巾角做叶子，整理成型。

2.33　曲院风荷

准备

1. 工具准备：餐巾（1块）、酒杯（1个）。

2. 折叠准备：将餐巾呈正方形放置，餐巾的一边与折叠人员平行。

步骤

1. 将餐巾一边沿正方形的中线对折，呈长方形。

2. 从餐巾长边向对边捏褶，呈长条形。

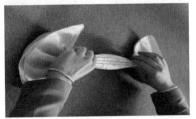

3. 两个巾角面向里，沿长条形中间位置将餐巾对折，再握住距离中间位置 5 cm 处，将餐巾两端向反方向对折。

曲院风荷成品图

4. 将餐巾翻入杯中，外翻餐巾两端，整理成型。

2.34 扇面牡丹

准备

1. 工具准备：餐巾（1块）、酒杯（1个）。

2. 折叠准备：将餐巾呈菱形放置，餐巾的一角面向折叠人员。

步骤

1. 将餐巾一角沿菱形对角线对折，呈等腰直角三角形。

2. 将三角形斜边一角向底边另一角斜向捏褶，呈扇形。

3. 将直角端的两片巾角上翻。

扇面牡丹成品图

4. 将两侧的巾角上拉。

5. 将餐巾放入杯中，调整4个巾角，整理成型。

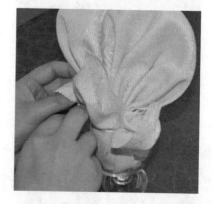

2.35 荷叶慈姑

准备

1. 工具准备：餐巾（1块）、酒杯（1个）。

2. 折叠准备：将餐巾呈菱形放置，餐巾的一角面向折叠人员。

步骤

1. 将餐巾一角沿菱形的对角线对折呈等腰直角三角形。

2. 将三角形斜边的两个角向三角形斜边的主线处对折，呈菱形。

3. 翻过餐巾，将由底边形成的顶角向上翻折 10 cm。

荷叶慈姑成品图

4. 将餐巾旋转 90°，从餐巾一端角向另一个端角捏褶。

5. 握住餐巾，放入杯中，外翻前面两个巾角，整理成型。

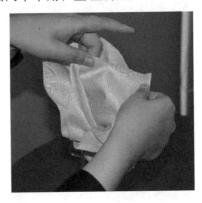

餐厅服务员杯花折叠实景图解

2.36 牡丹仙子

准备

1. 工具准备：餐巾（1块）、酒杯（1个）。

2. 折叠准备：将餐巾呈正方形放置，餐巾的一边与折叠人员平行。

步骤

1. 将餐巾一边向对边处错位对折，呈锯齿状。

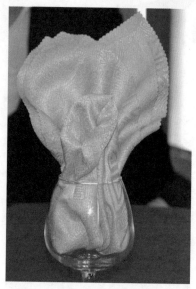

牡丹仙子成品图

2. 将餐巾一短边向对边处错位对折。

3. 从餐巾中间向两端捏褶。

4. 将顶角向4个巾角方向对折。

5. 将餐巾放入杯中，外翻顶角做花芯，整理成型。

2.37 枯木逢春

准备

1. 工具准备：餐巾（1块）、酒杯（1个）。

2. 折叠准备：将餐巾呈菱形放置，餐巾的一角面向折叠人员。

步骤

1. 将餐巾一角沿菱形对角线对折，呈等腰直角三角形。

2. 将三角形斜边一角进行螺旋卷筒，至其直角边的1/2处。

3. 将直角的两个巾角上拉做叶子。

枯木逢春成品图

4. 将三角形斜边的另一角捏褶，并将巾角上拉。

5. 将餐巾放入杯中，调整3个巾角，整理成型。

2.38 水上睡莲

准备

1. 工具准备：餐巾（1块）、酒杯（1个）。

2. 折叠准备：将餐巾呈菱形放置，餐巾的一角面向折叠人员。

步骤

1. 将餐巾一角沿平行菱形对角线且距离对角线 8 cm 的线翻折，再将此角沿原菱形对角线反向翻折；对角做同样翻折。

水上睡莲成品图

2. 旋转餐巾 90°，从餐巾中间位置向两端捏褶，捏出 8~9 个褶。

3. 握住两侧的巾角，向下对折。

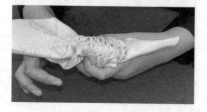

4. 握住餐巾底部，上翻向下的两个巾角。

5. 将餐巾放入杯中，整理花瓣，整理成型。

2.39 马莲花开

准备

1. 工具准备：餐巾（1块）、酒杯（1个）。

2. 折叠准备：将餐巾呈菱形放置，餐巾的一角面向折叠人员。

步骤

1. 将餐巾一角沿菱形对角线对折，呈等腰直角三角形。

马莲花开成品图

2. 将三角形斜边一角沿底边中心对折，呈小的等腰直角三角形。

3. 从餐巾两片夹层的直角边捏褶，留下高为 7 cm 的小三角形。

4. 将里面的巾角上拉做叶片，然后将外面的巾角向反方向拉折做叶片。

5. 将餐巾放入杯中，整理 4 个巾角，整理成型。

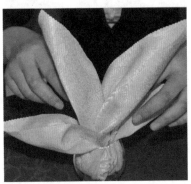

2.40 马蹄莲花

准备

1. 工具准备：餐巾（1块）、酒杯（1个）。

2. 折叠准备：将餐巾呈菱形放置，餐巾的一角面向折叠人员。

步骤

1. 将餐巾一角沿菱形对角线对折，呈等腰直角三角形。

马蹄莲花成品图

2. 将三角形斜边一角沿斜边中线对折，呈小的等腰直角三角形。

4. 卷至直角边中线处开始捏褶。

5. 握住餐巾，放入杯中，整理成型。

3. 从三角形斜边的一角开始卷筒。

54

2.41 马蹄花开

准备

1. 工具准备：餐巾（1 块）、酒杯（1 个）。

2. 折叠准备：将餐巾呈菱形放置，餐巾的一角面向折叠人员。

步骤

1. 将餐巾一角沿菱形对角线对折，呈等腰直角三角形。

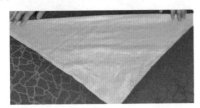

2. 将餐巾斜边向顶角处卷筒，并留下高 10 cm 的小三角形。

3. 将卷筒中部进行 S 形折叠。

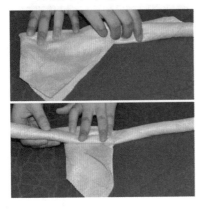

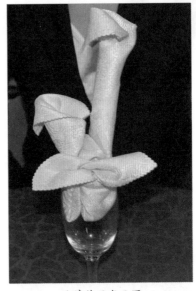

马蹄花开成品图

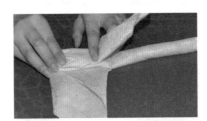

4. 握住餐巾，放入杯中，翻折两个巾角及卷筒顶端，整理成型。

餐厅服务员杯花折叠实景图解

2.42 马蹄莲整花

准备

1. 工具准备：餐巾（1块）、水杯（1个）。

2. 折叠准备：将餐巾呈菱形放置，餐巾的一角面向折叠人员。

步骤

1. 将餐巾一角沿菱形对角线对折，呈等腰直角三角形。

2. 将三角形斜边向对角直卷。

3. 将卷筒的一端以 2∶3 的比例对折。

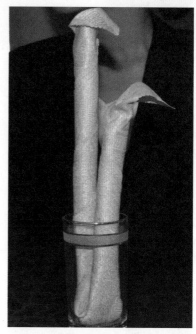

马蹄莲整花成品图

4. 将餐巾放入杯中，外翻餐巾顶端，整理成型。

2.43 带叶鸡冠花

准备

1. 工具准备：餐巾（1 块）、酒杯（1 个）、筷子（1 根）。

2. 折叠准备：将餐巾呈菱形放置，餐巾的一角面向折叠人员。

步骤

1. 将餐巾一角沿平行菱形对角线且距离对角线 15 cm 的线翻折，再将此角沿原菱形对角线反向翻折；对角做同样翻折。

带叶鸡冠花成品图

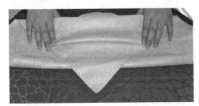

2. 将翻折后餐巾的一边沿原菱形的对角线对折。

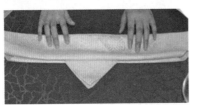

3. 从长条形的一端向另一端捏褶。

4. 握住餐巾底部，将筷子插入褶皱中，并挤压定型。

5. 抽出筷子，将餐巾放入杯中，整理成型。

第3章 杯花·动物造型篇

3.1 鸵鸟

准备

1. 工具准备：餐巾（1块）、酒杯（1个）。

2. 折叠准备：将餐巾呈菱形放置，餐巾的一角面向折叠人员。

步骤

1. 将餐巾一角沿平行菱形对角线且距离对角线 10 cm 的线翻折，再将此角沿原菱形对角线反向翻折；对角做同样翻折。

2. 将餐巾翻面，从餐巾中间位置向两端捏褶。

鸵鸟成品图

3. 握住餐巾两侧的巾角，向下对折。

4. 上拉餐巾两端的巾角，一端做头，一端做尾。

5. 将餐巾放入杯中，捏出头部，整理成型。

3.2　画眉

准备

1. 工具准备：餐巾（1块）、酒杯（1个）。

2. 折叠准备：将餐巾呈正方形放置，餐巾的一边与折叠人员平行。

步骤

1. 将餐巾的一组对边分别沿 1/4 线向中线对折，呈长方形。

2. 翻转餐巾，并将餐巾一条长边沿中线向对边对折，呈长方形。

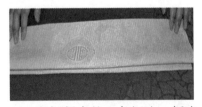

3. 翻折餐巾的一条短边，折出一个梯形。

画眉成品图

4. 沿梯形的下底向对边捏褶，捏 4~5 个褶。

5. 握住餐巾，将捏褶剩下的部分做尾部，取梯形端外侧的一层巾角做头部，放入杯中，捏出头部，整理成型。

3.3 柳莺

准备

1. 工具准备：餐巾（1块）、酒杯（1个）。

2. 折叠准备：将餐巾呈菱形放置，餐巾的一角面向折叠人员。

步骤

1. 将餐巾按照"1.4.3菱形折法"的折法一折成菱形。

柳莺成品图

2. 将最上层巾角沿对角线翻折。

3. 将夹层内的两个巾角分别向反方向翻拉。

4. 翻转餐巾，将剩余的一个巾角沿对角线翻折。

5. 从餐巾中间位置向两端捏褶。

6. 将餐巾放入杯中，下拉外侧两个巾角做翅膀，选择夹层内的一个巾角捏出头部，整理成型。

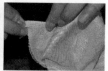

3.4　山雀

准备

1. 工具准备：餐巾（1 块）、酒杯（1 个）。

2. 折叠准备：将餐巾呈正方形放置，餐巾的一边与折叠人员平行。

步骤

1. 将餐巾按照 "1. 4.3 菱形折法" 的折法二折成菱形。

2. 将餐巾外侧的两个巾角分别沿菱形对角线对折。

3. 从餐巾一端向另一端捏褶。

4. 握住餐巾，将两个巾角分别下拉，做鸟的身体。

山雀成品图

5. 在将两个巾角上翻，做翅膀。

6. 上拉剩余两个巾角分别做头部和尾部。

7. 将餐巾放入杯中，捏出头部，调整翅膀与尾部，整理成型。

3.5 雏鸡

准备

1. 工具准备：餐巾（1 块）、酒杯（1 个）。

2. 折叠准备：将餐巾呈菱形放置，餐巾的一角面向折叠人员。

步骤

1. 将餐巾一角沿菱形对角线对折，呈等腰直角三角形。

2. 将三角形斜边向顶角端捏褶。

3. 将餐巾等分对折。

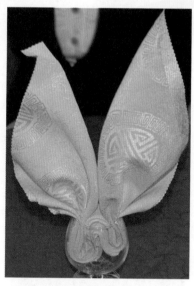

雏鸡成品图

4. 握住距对折点 8 cm 处，再次翻折两端餐巾。

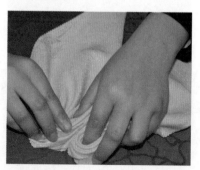

5. 将餐巾放入杯中，捏出头部，整理成型。

3.6 海鸥

准备

1. 工具准备：餐巾（1块）、水杯（1个）。

2. 折叠准备：将餐巾呈菱形放置，餐巾的一角面向折叠人员。

步骤

1. 将餐巾一角沿菱形对角线对折，呈等腰直角三角形。

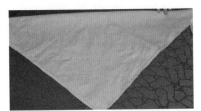

2. 将三角形斜边向对角卷筒，留下高为15 cm的小的等腰直角三角形。

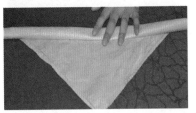

3. 将小三角形的上层巾角沿卷筒翻折。

海鸥成品图

4. 将餐巾两端进行 W 形折叠，即在中间位置反向对折，然后将餐巾两端在离对折点 6 cm 的地方进行对折。

5. 将餐巾放入杯中，捏出头部，整理成型。

3.7 飞鸟

准备

1. 工具准备：餐巾（1块）、酒杯（1个）。

2. 折叠准备：将餐巾呈菱形放置，餐巾的一角面向折叠人员。

步骤

1. 将餐巾一角沿菱形对角线对折，呈等腰直角三角形。

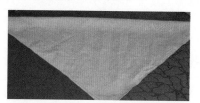

2. 从斜边的一角进行螺旋卷筒至直角边的 1/2 处。

3. 卷筒完毕后捏 4~5 个褶，并握住巾角做鸟头。

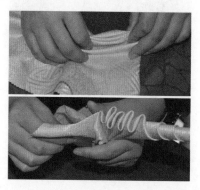

飞鸟成品图

4. 上拉两侧的巾角，做翅膀。

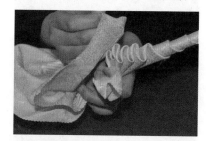

5. 将餐巾放入杯内，整理翅膀，捏出头部，整理成型。

3.8　飞鹤

准备

1. 工具准备：餐巾（1 块）、酒杯（1 个）。

2. 折叠准备：将餐巾呈菱形放置，餐巾的一角面向折叠人员。

步骤

1. 摁住面向自己的巾角，将其两个邻角分别向对角线处斜卷。

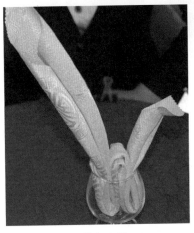

飞鹤成品图

2. 将两个卷筒重合折叠。

3. 在餐巾卷 2/5 处捏一个褶，并将两侧餐巾向上翻折。

4. 将餐巾放入杯中，在短的一端捏出头部，整理成型。

65

3.9 蜜蜂

准备

1. 工具准备：餐巾（1块）、酒杯（1个）。

2. 折叠准备：将餐巾呈菱形放置，餐巾的一角面向折叠人员。

步骤

1. 将餐巾一组对角向餐巾中心（即两条对角线的交点）处翻折。

2. 翻转餐巾，然后从一边向对边捏褶。

3. 将餐巾等分对折。

蜜蜂成品图

4. 上拉两端的餐巾做翅膀。

5. 握住餐巾底端，放入杯中，整理成型。

66

3.10 乳鸽

准备

1. 工具准备：餐巾（1 块）、酒杯（1 个）。

2. 折叠准备：将餐巾呈正方形放置，餐巾的一边与折叠人员平行。

步骤

1. 将餐巾一边沿正方形的中线对折，呈长方形。

乳鸽成品图

2. 将餐巾一个巾角向短边中线翻折。

3. 将翻折端沿短边中线向对边对折，呈正方形。

4. 从两层夹角端向对角捏褶。

5. 握住餐巾，下拉夹层，将露出的巾角做尾部，并上翻两侧的巾角做翅膀。

6. 将餐巾放入杯中，捏出头部，整理成型。

3.11 和平鸽

准备

1. 工具准备：餐巾（1 块）、酒杯（1 个）。

2. 折叠准备：将餐巾呈正方形放置，餐巾的一边与折叠人员平行。

步骤

1. 将餐巾一边沿正方形的中线对折，呈长方形。

2. 将餐巾上层的一个巾角向餐巾短边中线处错位翻折。

3. 将餐巾下层的巾角沿短边中线向对边翻折。

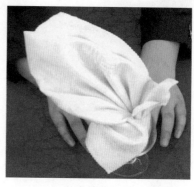

和平鸽成品图

4. 从餐巾一端向另一端捏褶。

5. 将剩余的三片巾角上拉，分别做头部和翅膀。

6. 将餐巾放入杯内，捏出头部，整理成型。

3.12　吉祥鸟

准备

1. 工具准备：餐巾（1 块）、酒杯（1 个）。

2. 折叠准备：将餐巾呈正方形放置，餐巾的一边与折叠人员平行。

步骤

1. 将餐巾一边沿正方形的中线对折，呈长方形。

2. 将餐巾一条短边沿短边中线对折，呈正方形。

3. 旋转餐巾，呈菱形放置，使4 片巾角端面向自己，并将上面两层巾角沿菱形对角线翻折，巾角间距为1 cm。

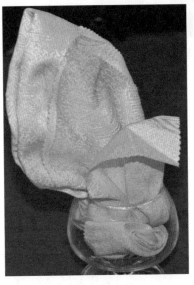

吉祥鸟成品图

4. 从餐巾中间位置向两端捏褶。

5. 将餐巾放入杯中，捏出头部，整理成型。

3.13 相思鸟

准备

1. 工具准备：餐巾（1块）、酒杯（1个）。

2. 折叠准备：将餐巾呈正方形放置，餐巾的一边与折叠人员平行。

步骤

1. 将餐巾按照"1.4.3 菱形折法"的折法二折成菱形。

2. 将餐巾外侧的两个巾角分别沿菱形对角线对折。

3. 从餐巾一端向另一端捏褶。

相思鸟成品图

4. 握住餐巾，将两个巾角分别上拉，做鸟的头部。

5. 将餐巾放入杯中，捏出头部，整理成型。

70

3.14 火狐狸

准备

1. 工具准备：餐巾（1 块）、酒杯（1 个）。

2. 折叠准备：将餐巾呈菱形放置，餐巾的一角面向折叠人员。

步骤

1. 将餐巾一角沿菱形对角线对折，呈等腰直角三角形。

2. 将三角形斜边一角沿斜边中线向对角翻折，呈小的等腰直角三角形。

3. 从斜边中线向两端捏褶。

火狐狸成品图

4. 上拉三片巾角分别做头部和翅膀。

5. 将餐巾放入杯中，捏出头部，整理翅膀，整理成型。

3.15 夹峰鸟

准备

1. 工具准备：餐巾（1块）、酒杯（1个）。

2. 折叠准备：将餐巾呈菱形放置，餐巾的一角面向折叠人员。

步骤

1. 将餐巾一角沿菱形对角线对折，呈等腰直角三角形。

夹峰鸟成品图

2. 将三角形两片巾角分别沿平行斜边且距斜边 10 cm 的线翻折。

3. 从餐巾中间位置向两端捏褶。

4. 将餐巾放入杯中，下翻两片巾角做翅膀，捏出头部，整理成型。

3.16 扇尾鸡

准备

1. 工具准备：餐巾（1 块）、酒杯（1 个）。

2. 折叠准备：将餐巾呈菱形放置，餐巾的一角面向折叠人员。

步骤

1. 将餐巾一角沿菱形对角线对折，呈等腰直角三角形。

扇尾鸡成品图

2. 将斜边向对角捏褶。

3. 将餐巾沿中间位置对折。

4. 上拉剩余的两个巾角分别做头部和尾部。

5. 将餐巾放入杯中，掰出折裥，整理翅膀，捏出头部，整理成型。

3.17　太阳鸟

准备

1. 工具准备：餐巾（1块）、酒杯（1个）。

2. 折叠准备：将餐巾呈菱形放置，餐巾的一角面向折叠人员。

步骤

1. 将餐巾一角沿菱形对角线对折，呈等腰直角三角形。

2. 在斜边一角 20 cm 处向斜边另一角斜向捏褶。

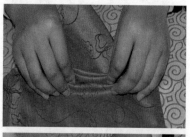

太阳鸟成品图

3. 向上翻折剩余的巾角分别做头部和尾部。

4. 将餐巾放入杯中，捏出头部，整理成型。

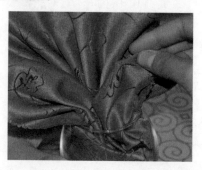

3.18　圆孔雀

准备

1. 工具准备：餐巾（1 块）、酒杯（1 个）。

2. 折叠准备：将餐巾呈菱形放置，餐巾的一角面向折叠人员。

步骤

1. 将餐巾一角沿菱形对角线对折，呈等腰直角三角形。

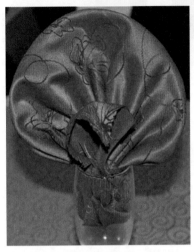

圆孔雀成品图

2. 将餐巾底边一角斜向捏褶。

3. 握住餐巾，将前侧的巾角上拉做头部。

4. 将餐巾放入杯中，捏出头部，整理成型。

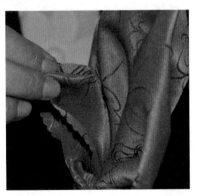

3.19 翘尾鸟

准备

1. 工具准备：餐巾（1块）、酒杯（1个）。

2. 折叠准备：将餐巾呈菱形放置，餐巾的一角面向折叠人员。

步骤

1. 将餐巾一角沿菱形对角线对折，呈等腰直角三角形。

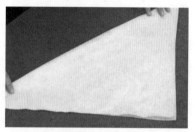

2. 将三角形底边向顶角卷筒，留下高为 8 cm 的等腰直角三角形。

3. 将小三角形的上层巾角绕卷筒翻折。

翘尾鸟成品图

4. 将餐巾 2/5 位置进行 S 形折叠。

5. 握住餐巾放入杯中，将短筒端作为头部、长筒端做尾部，并捏出头部，然后将两侧巾角做翅膀，整理成型。

3.20　啄木鸟

准备

1. 工具准备：餐巾（1 块）、酒杯（1 个）。

2. 折叠准备：将餐巾呈菱形放置，餐巾的一角面向折叠人员。

步骤

1. 将餐巾一角沿菱形对角线对折，呈等腰直角三角形。

啄木鸟成品图

2. 将餐巾斜边一角进行螺旋卷筒至餐巾底边中点处。

3. 将另一斜边角拉下，做鸟的头部。

4. 将剩余两个巾角上拉做鸟的翅膀。

5. 将餐巾放入杯中，整理鸟的翅膀，翻折鸟的头部，整理成型。

3.21 花背鸟

准备

1. 工具准备：餐巾（1块）、酒杯（1个）。

2. 折叠准备：将餐巾呈菱形放置，餐巾的一角面向折叠人员。

步骤

1. 将餐巾一角沿平行菱形对角线且距离对角线 10 cm 的线翻折，再将此角沿原菱形对角线反向翻折；对角做同样翻折。

花背鸟成品图

2. 从餐巾中间位置向两端捏 4~6 个褶。

3. 握住餐巾两侧的巾角，向下对折。

4. 上拉餐巾 4 个巾角分别做头部、翅膀和尾部。

5. 将餐巾放入杯中，捏出头部，整理成型。

3.22　鸳鸯戏水

准备

1. 工具准备：餐巾（1 块）、酒杯（1 个）。

2. 折叠准备：将餐巾呈菱形放置，餐巾的一角面向折叠人员。

步骤

1. 将餐巾一角向对角错位折叠，呈错位三角形。

鸳鸯戏水成品图

2. 将三角形底边向上捏褶。

4. 将餐巾放入杯中，两个短的巾角做鸟的头部，两个长的巾角做鸟的尾部，整理成型。

3. 将餐巾对折。

3.23 梅枝雀跃

准备

1. 工具准备：餐巾（1块）、酒杯（1个）。

2. 折叠准备：将餐巾呈菱形放置，餐巾的一角面向折叠人员。

步骤

1. 将餐巾一角沿菱形对角线对折，呈等腰直角三角形。

梅枝雀跃成品图

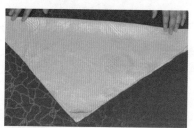

2. 将三角形斜边一角向另一斜边角方向卷筒至斜边中点处。

3. 卷筒至中点后开始捏褶。

4. 将餐巾对折。

5. 将餐巾放入杯中，捏出头部，整理成型。

3.24 对鸟开屏

准备

1. 工具准备：餐巾（1 块）、酒杯（1 个）。

2. 折叠准备：将餐巾呈菱形放置，餐巾的一角面向折叠人员。

步骤

1. 将餐巾一角向对角方向错位折叠，呈错位三角形

2. 将三角形底边向上翻折两次，折出宽约 10 cm 的长条形。

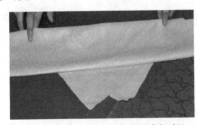

3. 从餐巾正中心向两端捏褶。

对鸟开屏成品图

4. 上拉剩余两片巾角做鸟的头部。

5. 将餐巾放入杯中，捏出头部，整理成型。

3.25 孔雀探花

准备

1. 工具准备：餐巾（1 块）、酒杯（1 个）。

2. 折叠准备：将餐巾呈菱形放置，餐巾的一角面向折叠人员。

步骤

1. 将餐巾一角向对角错位折叠，呈错位三角形。

孔雀探花成品图

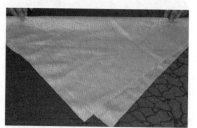

2. 在距三角形底边一角 10 cm 处向对角方向捏 7~8 个褶。

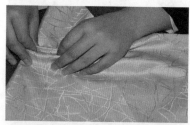

3. 握住餐巾折裥环成一圈做花朵。

4. 上拉一片巾角做鸟头，并将剩余三片巾角上拉做鸟尾。

5. 将餐巾放入杯中，捏出头部，调整尾部，整理成型。

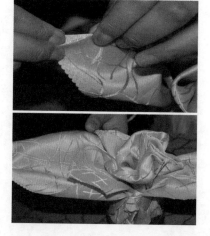

3.26　孔雀开屏

准备

1. 工具准备：餐巾（1块）、酒杯（1个）。

2. 折叠准备：将餐巾呈菱形放置，餐巾的一角面向折叠人员。

步骤

1. 将餐巾沿距一个巾角 20 cm 的线翻折，再沿距此巾角 10 cm 的线反向翻折，形成一个折层，并以此再翻折一次，形成第二个夹层，且与第一个折层相距 1 cm，最后将巾角上翻做头部。

孔雀开屏成品图

2. 从餐巾中间位置向两端捏褶。

3. 握住餐巾放入杯中，捏出头部，整理成型。

餐厅服务员杯花折叠实景图解

3.27 小鸟钻洞

准备

1. 工具准备：餐巾（1块）、酒杯（1个）。

2. 折叠准备：将餐巾呈菱形放置，餐巾的一角面向折叠人员。

小鸟钻洞成品图

步骤

1. 将餐巾一角沿菱形对角线对折，呈等腰直角三角形。

2. 从餐巾顶角向底边捏褶。

3. 将餐巾在中间位置对折。

4. 上拉两个巾角分别做头部和尾部。

5. 将餐巾放入杯中，捏出头部，整理成型。

3.28　小鸟在巢

准备

1. 工具准备：餐巾（1 块）、酒杯（1 个）。

2. 折叠准备：将餐巾呈菱形放置，餐巾的一角面向折叠人员。

步骤

1. 将餐巾一角沿菱形对角线对折，呈等腰直角三角形。

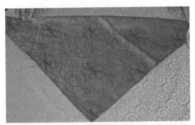

2. 将上层的巾角沿平行底边且距底边 10 cm 的线翻折。

3. 从餐巾中间位置向两端捏褶。

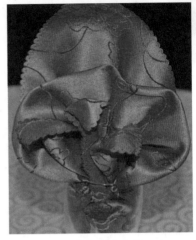

小鸟在巢成品图

4. 握住餐巾，将下端的 3 个巾角上拉做鸟的头部。

5. 将餐巾放入杯中，捏出头部，整理成型。

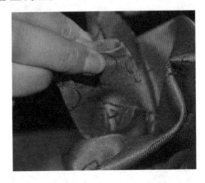

3.29 春回大雁

准备

1. 工具准备：餐巾（1 块）、酒杯（1 个）。

2. 折叠准备：将餐巾呈正方形放置，餐巾的一边与折叠人员平行。

步骤

1. 将餐巾一边沿正方形的中线对折，呈长方形。

2. 将餐巾一条短边沿短边中线向对边对折，呈正方形。

3. 将餐巾外层的巾角沿对角线翻折。

4. 从餐巾中间位置向两端捏褶。

春回大雁成品图

5. 下拉上端两侧巾角做花瓣，外翻夹层做花芯，上拉下端两个巾角分别做鸟头和鸟尾。

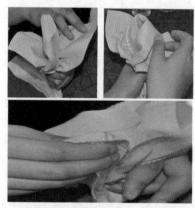

6. 将餐巾放入杯中，捏出头部，整理成型。

3.30　圣诞火鸡

准备

1. 工具准备：餐巾（1 块）、酒杯（1 个）。

2. 折叠准备：将餐巾呈正方形放置，餐巾的一边与折叠人员平行。

步骤

1. 将餐巾一边沿正方形的中线对折，呈长方形。

2. 将餐巾一条短边沿短边中线向对边对折。

3. 旋转餐巾，呈菱形放置，使 4 个巾角端面向折叠人员，然后依次翻转三个巾角，间隔为 1 cm。

圣诞火鸡成品图

4. 从餐巾中间位置向两端捏褶。

5. 上翻剩余的一个巾角，做火鸡的头部。

6. 将餐巾放入杯中，捏出头部，整理成型。

3.31 彩蝶纷飞

准备

1. 工具准备：餐巾（1块）、筷子（1根）、酒杯（1个）。

2. 折叠准备：将餐巾呈正方形放置，餐巾的一边与折叠人员平行。

步骤

1. 将餐巾一边沿正方形的中线对折，呈长方形。

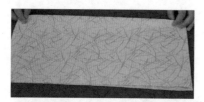

2. 将餐巾一条短边向对边对折，呈正方形。

3. 将餐巾上面两层巾角错位翻折，翻过餐巾，将剩余两层巾角做同样翻折。

彩蝶纷飞成品图

4. 将餐巾从中间位置向两端捏褶。

5. 将筷子细端插入折裥夹层中，并挤紧。

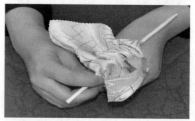

6. 将筷子和餐巾放入杯中，抽出筷子，整理成型。

3.32　母子情深

准备

1. 工具准备：餐巾（1 块）、酒杯（1 个）。

2. 折叠准备：将餐巾呈正方形放置，餐巾的一边与折叠人员平行。

步骤

1. 将餐巾一边沿正方形的中线对折，呈长方形。

2. 将餐巾非两片巾角的长边沿平行长边中线的线对折，折出宽约 5 cm 的长条形。

3. 从餐巾中间位置向两端捏 4~5 个褶。

母子情深成品图

4. 握住餐巾，将前面的两个巾角前拉做头部，后面的两个巾角后拉做尾部。

5. 将餐巾放入杯中，整理尾部，捏出头部，整理成型。

3.33　鸟舞花心

准备

1. 工具准备：餐巾（1块）、酒杯（1个）。

2. 折叠准备：将餐巾呈正方形放置，餐巾的一边与折叠人员平行。

步骤

1. 将餐巾一边沿正方形的中线对折，呈长方形。

鸟舞花心成品图

2. 将上层餐巾沿1/3线反向对折，并再次向反方向对折。

3. 将餐巾一条短边向对边捏褶。

4. 握住餐巾，上拉一个巾角做鸟身。

5. 将折裥围成圆形，环住鸟身。

6. 将餐巾放入杯中，捏出鸟头，整理成型。

3.34　双鸟归巢

准备

1. 工具准备：餐巾（1块）、酒杯（1个）。

2. 折叠准备：将餐巾呈正方形放置，餐巾的一边与折叠人员平行。

步骤

1. 将餐巾一边沿正方形的中线对折，呈长方形。

2. 将上层的两个巾角向短边中线翻折，呈等腰直角三角形。

3. 将餐巾短边沿短边中线向对边对折，呈正方形。

4. 从餐巾中间位置向两端捏褶。

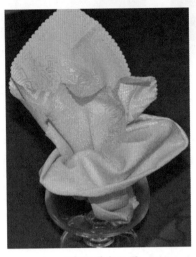

双鸟归巢成品图

5. 握住餐巾，外翻夹层做鸟巢，上拉剩余巾角做翅膀。

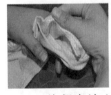

6. 将餐巾放入杯中，捏出头部，整理成型。

91

3.35 鸟语花香

准备

1. 工具准备：餐巾（1块）、酒杯（1个）。

2. 折叠准备：将餐巾呈正方形放置，餐巾的一边与折叠人员平行。

步骤

1. 将餐巾一边沿正方形的中线对折，呈长方形。

鸟语花香成品图

2. 将一条长边向对边错位折叠。

3. 将底边1/2的部分向对角捏褶，并将折裥对折。

4. 握住餐巾，掰出花瓣。

5. 上翻剩余的两个巾角，分别做鸟的头部和尾部。

6. 将餐巾放入杯中，捏出头部，整理尾部与花瓣，整理成型。

3.36　落地鹌鹑

准备

1. 工具准备：餐巾（1块）、酒杯（1个）。

2. 折叠准备：将餐巾呈正方形放置，餐巾的一边与折叠人员平行。

步骤

1. 将餐巾一边沿正方形的中线对折，呈长方形。

落地鹌鹑成品图

2. 将餐巾一条短边沿短边中线向对边对折。

3. 从餐巾一角向对角捏褶，并将捏褶完毕的餐巾沿等分对折。

4. 将四片巾角端的三片巾角向下翻折，留一片巾角做头部。

5. 将餐巾放入杯中，捏出头部，整理成型。

3.37 春鸟探花

准备

1. 工具准备：餐巾（1块）、酒杯（1个）。

2. 折叠准备：将餐巾呈正方形放置，餐巾的一边与折叠人员平行。

步骤

1. 将餐巾一边沿正方形的中线对折，呈长方形。

春鸟探花成品图

2. 从餐巾一条短边向对边捏褶。

3. 握住餐巾，将折裥围成花朵。

4. 上拉两个巾角分别做鸟的头部和尾部。

5. 将餐巾放入杯中，整理尾部和花朵，捏出头部，整理成型。

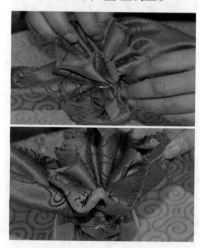

3.38　三尾金鱼

准备

1. 工具准备：餐巾（1 块）、酒杯（1 个）。

2. 折叠准备：将餐巾呈正方形放置，餐巾的一边与折叠人员平行。

步骤

1. 将餐巾一边沿正方形的六等分线对折，再将此边对折至正方形中线处；对边做同样处理，呈长方形。

三尾金鱼成品图

2. 从餐巾的一条短边向对边捏褶，捏 7~8 个褶。

3. 将餐巾向下对折。

4. 将餐巾放入杯中，整理成型。

餐厅服务员杯花折叠实景图解

3.39 蝴蝶双飞

准备

1. 工具准备：餐巾（1块）、酒杯（1个）。

2. 折叠准备：将餐巾呈正方形放置，餐巾的一边与折叠人员平行。

步骤

1. 将餐巾一组对边分别沿 1/4 线向中线对折，呈长方形。

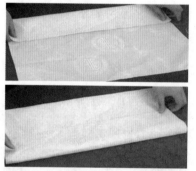

2. 按住餐巾中心，将餐巾一条短边的两个巾角围绕中心向外翻拉。

3. 沿此边向中线位置卷筒。

蝴蝶双飞成品图

4. 卷至中线处，将另一条短边的两个巾角围绕中心向外翻拉，并从短边中线处捏褶。

5. 将餐巾从中间位置对折。

6. 将餐巾放入杯中，整理成型。

3.40　四尾金鱼

准备

1. 工具准备：餐巾（1块）、酒杯（1个）。

2. 折叠准备：将餐巾呈正方形放置，餐巾的一边与折叠人员平行。

步骤

1. 将餐巾一边向对边错位折叠，呈错位长方形。

四尾金鱼成品图

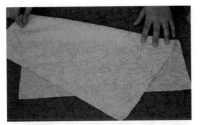

2. 将餐巾在短边方向错位折叠。

3. 从餐巾中间位置向两端捏褶。

4. 对折餐巾。

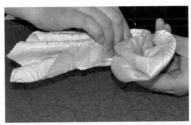

5. 将餐巾放入杯中，外翻尖端做鱼的头部，整理成型。

97

3.41　彩凤翼美

准备

1. 工具准备：餐巾（1块）、酒杯（1个）。

2. 折叠准备：将餐巾呈正方形放置，餐巾的一边与折叠人员平行。

步骤

1. 将餐巾一边向对边错位折叠，呈错位长方形。

彩凤翼美成品图

2. 将餐巾一条短边向对边错位折叠。

3. 将餐巾底角向上翻折。

4. 从餐巾中间位置向两端捏褶。

5. 将餐巾放入杯中，调整头部和尾部，整理成型。

3.42　大鹏展翅

准备

1. 工具准备：餐巾（1 块）、酒杯（1 个）。

2. 折叠准备：将餐巾呈菱形放置，餐巾的一角面向折叠人员。

步骤

1. 将餐巾折成菱形。

大鹏展翅成品图

2. 将餐巾最上层巾角和中间的两个巾角沿对角线翻折。

3. 将余下的巾角沿距对角线 5 cm 的线对折做头部，并从餐巾中间位置向两端捏褶。

4. 将餐巾放入杯中，调整头部、翅膀及尾部，整理成型。

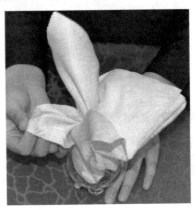

99

3.43 长尾欢鸟

准备

1. 工具准备：餐巾（1块）、酒杯（1个）。

2. 折叠准备：将餐巾呈菱形放置，餐巾的一角面向折叠人员。

步骤

1. 将餐巾折成菱形。

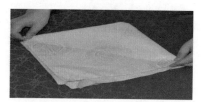

2. 将餐巾外侧的两个巾角沿对角线对折。

3. 从餐巾中间位置向两端捏褶。

4. 将餐巾的一个巾角向下翻折，然后再反向翻折，做头部。

长尾欢鸟成品图

5. 上翻两侧巾角做翅膀。

6. 将餐巾放入杯中，捏出头部，并整理翅膀和尾部，整理成型。

3.44　企鹅迎宾

准备

1. 工具准备：餐巾（1块）、酒杯（1个）。

2. 折叠准备：将餐巾呈菱形放置，餐巾的一角面向折叠人员。

步骤

1. 将餐巾折成菱形。

企鹅迎宾成品图

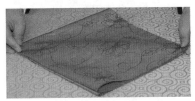

2. 将餐巾外侧的两个巾角向反方向拉开，呈菱形。

3. 翻开菱形边。

4. 将上面的巾角对折，将下面的巾角折至餐巾中部。

5. 翻过餐巾，将两端向中间位置卷筒。

6. 将餐巾翻入杯中，下翻翅膀，翻折头部，整理成型。

第4章 杯花·动作造型篇

4.1 飞鸟踏春

准备

1. 工具准备：餐巾（1块）、酒杯（1个）。

2. 折叠准备：将餐巾呈正方形放置，餐巾的一边与折叠人员平行。

飞鸟踏春成品图

步骤

1. 将餐巾一边沿正方形的中线对折，呈长方形。

2. 逆时针旋转餐巾90°，从餐巾短边向对边捏褶。

3. 握住餐巾，将餐巾折裥环成圆形。

4. 将4个巾角上拉做鸟头、鸟尾及翅膀。

5. 将餐巾放入杯中，捏出鸟头，调整鸟尾和翅膀，整理成型。

4.2 相依相守

准备

1. 工具准备：餐巾（1块）、酒杯（1个）。

2. 折叠准备：将餐巾呈正方形放置，餐巾的一边与折叠人员平行。

步骤

1. 将餐巾一边沿正方形的中线对折，呈长方形。

2. 将餐巾两片巾角的一边面向自己，并将两片巾角一边的两个顶角向对边错位对折，翻过餐巾，将另一面的两个巾角做同样对折。

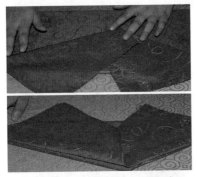

3. 从餐巾一端向另一边捏褶。

相依相守成品图

4. 将筷子的细头插入折裥内，并挤紧。

5. 抽出筷子，将餐巾放入杯中，取两片巾角做鸟头，捏出头部造型，整理成型。

4.3 画眉双鸣

准备

1. 工具准备：餐巾（1块）、酒杯（1个）。

2. 折叠准备：将餐巾呈菱形放置，餐巾的一角面向折叠人员。

步骤

1. 将餐巾一角沿菱形对角线对折，呈等腰直角三角形。

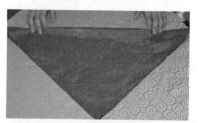

2. 将三角形顶角向上翻折，再向下翻折，与斜边间距 2 cm。

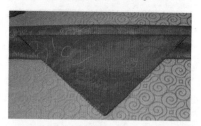

3. 逆时针旋转 90°，从一端向另一端捏褶。

画眉双鸣成品图

4. 将剩余的两个巾角向上提拉做鸟头。

5. 将餐巾放入杯中，捏出鸟头，整理成型。

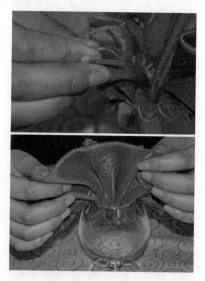

4.4 回眸倾听

准备

1. 工具准备：餐巾（1块）、酒杯（1个）。

2. 折叠准备：将餐巾呈菱形放置，餐巾的一角面向折叠人员。

步骤

1. 将餐巾一角沿菱形对角线对折，呈等腰直角三角形。

回眸倾听成品图

2. 将三角形的顶角向斜边捏褶。

3. 将餐巾沿 3/5 处对折，再将一端向反方向对折，最后再将此端向反方向对折。

4. 将餐巾放入杯中，并将一端捏出头部，整理成型。

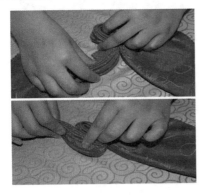

4.5 花鸟相依

准备

1. 工具准备：餐巾（1 块）、酒杯（1 个）。

2. 折叠准备：将餐巾呈菱形放置，餐巾的一角面向折叠人员。

步骤

1. 将餐巾一角沿平行菱形对角线且距离对角线 10 cm 的线翻折，再将此角沿原菱形对角线反向翻折。

2. 在翻折角处将餐巾从中部向两端捏褶。

3. 将翻折的角的一个巾角向上提拉做鸟头。

花鸟相依成品图

4. 将翻折的角的对角向上提拉做鸟尾。

5. 将餐巾放入杯中，捏出鸟头，整理成型。

4.6 恋人相伴

准备

1. 工具准备：餐巾（1 块）、酒杯（1 个）。

2. 折叠准备：将餐巾呈正方形放置，餐巾的一边与折叠人员平行。

步骤

1. 将餐巾两个相邻的巾角向餐巾中心处对折。

2. 翻过餐巾，将另两个巾角向餐巾中心方向对折。

3. 从餐巾一个角向对角卷筒。

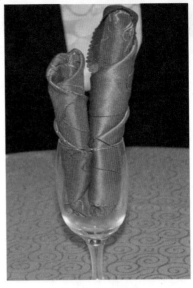

恋人相伴成品图

4. 将卷筒以 2：3 的比例对折。

5. 将餐巾放入杯中，整理成型。

107

4.7 信鸽飞翔

准备

1. 工具准备：餐巾（1块）、酒杯（1个）。

2. 折叠准备：将餐巾呈菱形放置，餐巾的一角面向折叠人员。

步骤

1. 将餐巾沿距一个巾角 20 cm 的线翻折，再沿距此巾角 10 cm 的线反向翻折，形成一个折层，并以此翻折两次，每个折层间距为 1 cm。

信鸽飞翔成品图

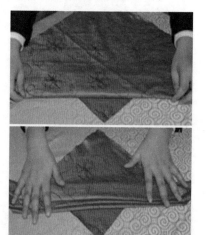

2. 从餐巾中间位置向两端捏 3~4 个褶。

3. 将剩余的三个巾角分别拉向折裥做翅膀和尾部。

4. 将餐巾放入杯中，捏出头部，整理成型。

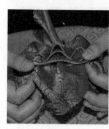

第5章　杯花·创意实物造型篇

5.1　珍珠扇

准备

1. 工具准备：餐巾（1块）、酒杯（1个）、珍珠（2颗）。

2. 折叠准备：将餐巾呈正方形放置，餐巾的一边与折叠人员平行。

步骤

1. 将餐巾一边沿正方形的中线对折，呈长方形。

珍珠扇成品图

2. 用手捏住短边中点处，将两层巾角的一端捏褶做扇尾。

3. 将扇尾向上翻折。

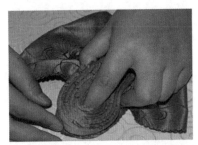

4. 将餐巾放入杯中，并在扇尾端放好珍珠，整理成型。

5.2 妃子扇

准备

1. 工具准备：餐巾（1块）、酒杯（1个）。

2. 折叠准备：将餐巾呈正方形放置，餐巾的一边与折叠人员平行。

步骤

1. 将餐巾一边沿正方形的中线对折，呈长方形。

2. 将两层巾角边的上层的两个巾角向对边翻折。

3. 将另一层餐巾向对边折叠，形成宽约 8 cm 的小长方形。

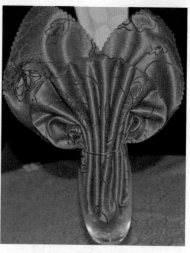

妃子扇成品图

4. 90° 旋转餐巾，从餐巾一短边向对边捏褶。

5. 握住餐巾放入杯中，整理成型。

5.3　双扇花

准备

1. 工具准备：餐巾（1 块）、酒杯（1 个）。

2. 折叠准备：将餐巾呈正方形放置，餐巾的一边与折叠人员平行。

步骤

1. 将餐巾一边向对边捏褶，呈长条形。

2. 将长条形沿中心位置对折。

3. 握住距对折点 7 cm 处，以此为折点，将两侧的餐巾分别沿折点对折。

双扇花成品图

4. 将餐巾放入杯中，整理成型。

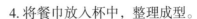

111

5.4 友谊杯

准备

1. 工具准备：餐巾（1块）、酒杯（1个）。

2. 折叠准备：将餐巾呈菱形放置，餐巾的一角面向折叠人员。

步骤

1. 将餐巾一角向对角错开折叠，留有9 cm的空隙。

2. 将底边向顶角方向卷筒，并留下高约25 cm的小三角形。

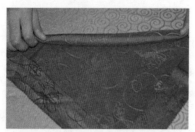

3. 将剩下的小三角形捏褶。

友谊杯成品图

4. 将餐巾折裥在外、卷筒在内对折。

5. 将餐巾放入杯中整理，并将餐巾一端插入另一端，整理成型。

5.5　迎宾花篮

准备

1. 工具准备：餐巾（1 块）、水杯（1 个）。

2. 折叠准备：将餐巾呈菱形放置，餐巾的一角面向折叠人员。

步骤

1. 将餐巾一角沿菱形对角线对折，呈等腰直角三角形。

2. 将三角形斜卷筒，留下高约10 cm 的小三角形。

3. 将小三角形的上层巾角向卷筒方向翻折。

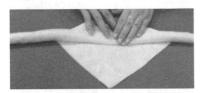

4. 将餐巾两端沿中间部位对折。

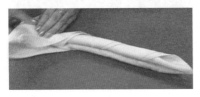

迎宾花篮成品图

5. 把餐巾放入杯中，将一个尖端插入另一个尖端里，整理成型。

5.6 阳光灿烂

准备

1. 工具准备：餐巾（1块）、酒杯（1个）。

2. 折叠准备：将餐巾呈正方形放置，餐巾的一边与折叠人员平行。

步骤

1. 将餐巾一边向另一边捏褶。

2. 整理餐巾折裥，双手捏住距餐巾两端 20 cm 处。

3. 将餐巾沿中心对折。

阳光灿烂成品图

4. 将餐巾放入杯中，整理成型。